Zvláštní díky mé skvělé , to je
neuvěřitelné , neuvěřitelné a milující
žena Carol ! Svou podporu a důvěra ke
mně a Vaše přítomnost mi od dětství je
cennější než můžu vyjádřit .

Slova a ilustrace

Michael Richard Craig.

1   2

5   6

9

3   4

7   8

10

Jeden

1

silly

obličej

Dva

2

silly

tváře

Tři

3

silly

tváře

Čtyři

4

silly

tváře

Pět

5

silly

tváře

Šest

6

silly

tváře

Sedm

7

silly

tváře

Osm

8

silly

tváře

Devět

9

silly

tváře

Deset

10

silly

tváře

Konec.

Dobrá

práce !

Tyhle tváře jsou ze sbírky

" Mnoho tváří Michael Richard Craig "

Tohle je první v deset sady svazků

počítání hloupé tváře do sta.

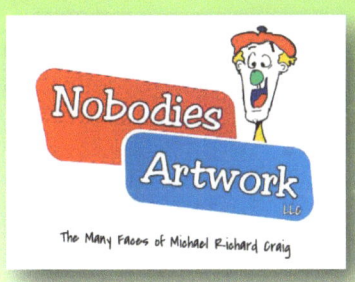

Nobodiesinc@yahoo.com

TeeGeeBeeTeeGee